Nordrhein-Westfälische Akademie der Wissenschaften

Natur-, Ingenieur- und Wirtschaftswissenschaften   Vorträge · N 420

Herausgegeben von der
Nordrhein-Westfälischen Akademie der Wissenschaften

MARTIN JANSEN

Wege zu Festkörpern jenseits
der thermodynamischen Stabilität

Westdeutscher Verlag

405. Sitzung am 2. November 1994 in Düsseldorf

Die Deutsche Bibliothek – CIP-Einheitsaufnahme

Jansen, Martin:
Wege zu Festkörpern jenseits der thermodynamischen Stabilität / Martin Jansen. – Opladen: Westdt. Verl., 1996
  (Vorträge / Nordrhein-Westfälische Akademie der Wissenschaften: Natur-, Ingenieur- und Wirtschaftswissenschaften; N 420)
  ISBN 3-531-08420-8
NE: Nordrhein-Westfälische Akademie der Wissenschaften ‹Düsseldorf›:
Vorträge / Natur-, Ingenieur- und Wirtschaftswissenschaften

Der Westdeutsche Verlag ist ein Unternehmen der Bertelsmann Fachinformation.
© 1996 by Westdeutscher Verlag GmbH Opladen
Softcover reprint of the hardcover 1st edition 1996
Herstellung: Westdeutscher Verlag

ISBN-13: 978-3-531-08420-6   e-ISBN-13: 978-3-322-86415-4
DOI: 10.1007/978-3-322-86415-4

Inhalt

Martin Jansen, Bonn
Wege zu Festkörpern jenseits der thermodynamischen Stabilität

I.	Einleitung	7
II.	Synthesewege für metastabile Festkörper	9
III.	Ein Ansatz zur Syntheseplanung in der Festkörperchemie	16
IV.	Schlußbemerkungen	26
	Literatur	27

Diskussionsbeiträge
  Professor Dr. rer. nat., Dr. sc. techn. *Bernhard Korte*, Professor Dr. rer. nat. *Martin Jansen*, Professor Dr. rer. nat. *Carl Krüger*, Professor Dr. rer. nat. *Hartwig Höcker*, Professor Dr. rer. nat. *Karl Ernst Wieghardt*, Professor Dr. rer. nat. *Manfred T. Reetz*, Professor Dr. rer. nat., Dr. h. c. mult. *Günther Wilke*, Professor Dr. rer. nat. *Rolf Appel*, Professor Dr. rer. nat. *Hans Bürger* 29

Meinem verehrten Lehrer
Herrn Prof. Dr. Dr. h.c. mult. Rudolf Hoppe
gewidmet

I. Einleitung

Wenn man überhaupt eine Untergliederung der präparativen Chemie für sinnvoll erachtet, so wäre eine Einteilung in „Molekülchemie" und „Festkörperchemie" sicherlich sachgerechter als die uns so vertraute, historisch gewachsene, aber aus heutiger Sicht ganz willkürliche in „Organische" und „Anorganische Chemie": In Konzeption und Durchführung sind Festkörperchemie und Molekülchemie in ihrer synthetisch-präparativen Ausrichtung grundverschieden angelegt, ja sie zeigen sogar einen gewissen antagonistischen Charakter, wie die Gegenüberstellung der jeweils wichtigsten Merkmale in Tabelle 1 verdeutlicht.

Auf der einen Seite befinden sich molekulardispers gelöste Edukte und Produkte in einem homogenen Gleichgewicht, auf der anderen Seite laufen hete-

Tabelle 1: Charakteristische Merkmale von Reaktionen in Molekül- und Festkörperchemie im Vergleich

Molekülchemie	**Festkörperchemie**
Homogene Gleichgewichte	Heterogene Gleichgewichte
Alle Edukte und Produkte sind im Gleichgewicht in endlicher Konzentration vorhanden	Reaktion bis zum vollständigen Verschwinden einer kondensierten Phase ($\Rightarrow$ Gibbssche Phasenregel)
Niedrige Reaktionstemperatur	Hohe Reaktionstemperatur
Kinetische Kontrolle	Thermodynamische Kontrolle
Erhalt des Molekülgerüstes, Reaktionen an funktionellen Gruppen	Zerstörung der Struktur der Ausgangsverbindung
Transportwege: 5–10 Å Diffusionskoeffizient: 10^{-5} cm^2/s	Transportwege: 10^4–10^6 Å Diffusionskoeffizient: 10^{-10}–10^{-14} cm^2/s

rogene Reaktionen zwischen makroskopisch verteilten Reaktanden ab, mit den bekannten Konsequenzen, daß einerseits im Gleichgewicht alle Reaktionsteilnehmer in endlicher Konzentration vorhanden sind, andererseits die Umsetzung fortschreiten kann bis zum vollständigen Verschwinden von kondensierten Phasen, u. U. bis der angestrebte Zustand mit nur einer kondensierten Produktphase im System erreicht ist (→ Gibbssche Phasenregel).

Bereits aus diesen Sachverhalten ergeben sich weitere Unterschiede grundsätzlicher Natur. Die Synthesereaktionen an Molekülen in Lösung oder in der Gasphase werden schrittweise, meist unter Öffnung und Knüpfung nur einer oder allenfalls weniger Bindungen unter Erhalt des Molekülgerüstes vorgenommen, wobei die (thermische) Aktivierung niedrig und damit eine kinetische Kontrolle möglich ist. Dagegen erfordern klassische Reaktionen zwischen Festkörpern drastisch höhere Temperaturen und in der Regel einen vollständigen Umbau der Strukturen der Ausgangsverbindungen, und es entsteht typischerweise die unter den gegebenen Randbedingungen thermodynamisch stabile Phase. Massive Auswirkungen auf die in Molekül- und Festkörperchemie jeweils einzusetzenden Arbeitstechniken gehen darüber hinaus von den grundsätzlich unterschiedlichen Transporteigenschaften (Transportwege und Diffusionskoeffizienten der Reaktanden) der jeweiligen Systeme aus.

Zunächst läßt sich aus diesem mehr phänomenologischen und sicher auch holzschnittartigen Vergleich, der naturgemäß die Übergänge zwischen den beiden „Welten" vernachlässigt, nur ablesen, daß in der Molekülchemie ein wirkungsvolles Lenkungsinstrument durch die kinetische Kontrolle der Reaktionen gegeben ist, während in der Festkörperchemie scheinbar „hilflos" die sich spontan einstellenden Gegebenheiten hinzunehmen sind. Ein anderer Aspekt, nämlich die insbesondere in der Molekülchemie des Kohlenstoffs hochentwickelte Fähigkeit zur Vorhersage existenzfähiger Verbindungen, die in der Festkörperchemie nicht einmal ansatzweise ausgebildet scheint, ist aus der Gegenüberstellung in Tab. 1 noch nicht ohne weiteres erklärbar. Dabei erscheint die Aufgabe der Festkörperchemie, in einem bestimmten System und bei fixierten Zustandsvariablen die jeweils thermodynamisch stabile Verbindung vorherzusagen, einfacher als die der Molekülchemie, darüber hinaus auch kinetisch stabile Spezies zu formulieren. Aber hält diese Sichtweise, nach der man sich in der Festkörperchemie bei der Prognose existenzfähiger Verbindungen im wesentlichen auf die im thermodynamischen Gleichgewicht beständigen beschränken kann, einer Überprüfung stand?

Eine Antwort auf diese Frage wird in dem nachfolgenden Abschnitt versucht, daran anschließend wird ein Instrumentarium zur Vorhersage existenzfähiger Festoffe und ihrer Strukturen vorgestellt und werden schließlich einige Anwendungen der entwickelten Methode diskutiert.

II. Synthesewege für metastabile Festkörper

Da es keineswegs trivial ist, metastabile Festkörper als solche zu erkennen, werden hier nur zwei wohldefinierte Untergruppen diskutiert. Zum einen sind Stoffe, die unter Freisetzung molarer Mengen eines Gases in exothermer Reaktion zerfallen, eindeutig metastabil, da die zugehörige freie Reaktionsenthalpie dann notwendigerweise negativ ist und der Zerfall spontan eintreten sollte. Als Beispiel ist in Abb. 1 der thermische Abbau von AgO wiedergegeben. Zum anderen sind Feststoffe ohne Translationssymmetrie zumindest bei tiefen Temperaturen thermodynamisch metastabil gegenüber der Umwandlung in kristalline Formen (der gleichen Zusammensetzung). Verallgemeinerbare Synthesewege zu beiden Klassen von metastabilen Stoffen werden im folgenden vorgestellt und durch Beispiele belegt.

Da die freien Reaktionsenthalpien, die im Verlaufe der Bildung von metastabilen Festkörpern auftreten, natürlich negativ sein müssen, ist von Ausgangsstoffen mit hohen Energieinhalten auszugehen bzw. Energie zuzuführen. Hier sollen exemplarisch zwei Möglichkeiten vorgestellt werden, die Zuführung elektrischer Energie unter Vermeidung einer thermischen Aktivierung und der Einsatz energiereicher Ausgangsstoffe.

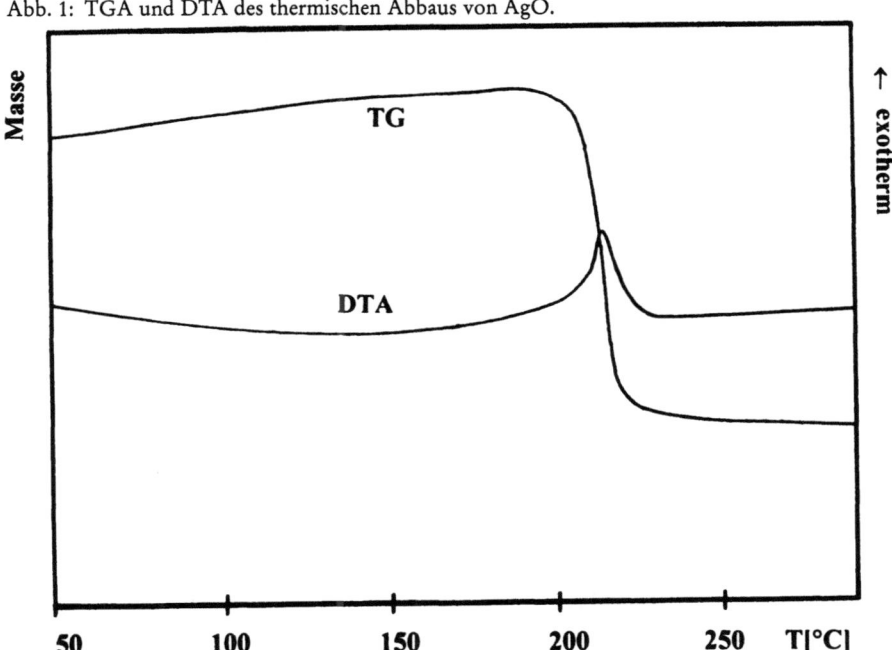

Abb. 1: TGA und DTA des thermischen Abbaus von AgO.

Bei der anodischen Oxidation geeigneter wäßriger Silbersalzlösungen wachsen an der Elektrode hochreine Oxide in grobkristalliner Form auf, die Silber in spektakulär hohen Oxidationsstufen (z. B. +III) enthalten. Die Valenzzustände von Silber in AgO[1], Ag_3O_4[2] und Ag_2O_3[3] sind durch die jeweils charakteristische Koordinationsgeometrie für Ag(I), Ag(II) oder Ag(III), vgl. Abb. 2–4, magnetische Messungen und Röntgenabsorptionsspektroskopie (XANES, Abb. 5) gesichert. Ihr Abbau erfolgt exotherm unter Freisetzung molarer Mengen gasförmigen Sauerstoffs, alle drei Oxide sind also eindeutig metastabil. Aus den elektrochemischen Bedingungen bei der Darstellung läßt sich der analoge Sauerstoffgleichgewichtsdruck auf 10^{10} bis 10^{13} bar (!) bei Raumtemperatur abschätzen. Trotz ihres metastabilen Charakters lassen sie sich reproduzierbar in hochreiner Form darstellen und zeigen konstante physikalische Eigenschaften.

Die Standardbildungsenthalpie von Ozon beträgt +142,7 kJ/mol. Ozon kann man nutzen, um Alkalimetallozonide, die ihrerseits metastabil gegenüber dem Zerfall in Hyperoxide und Disauerstoff sind, darzustellen. Eine beson-

Abb. 2: Kristallstruktur von $Ag^IAg^{III}O_2$; Ag^I und Ag^{III} zeigen die jeweils charakteristische lineare bzw. quadratisch planare Umgebung.

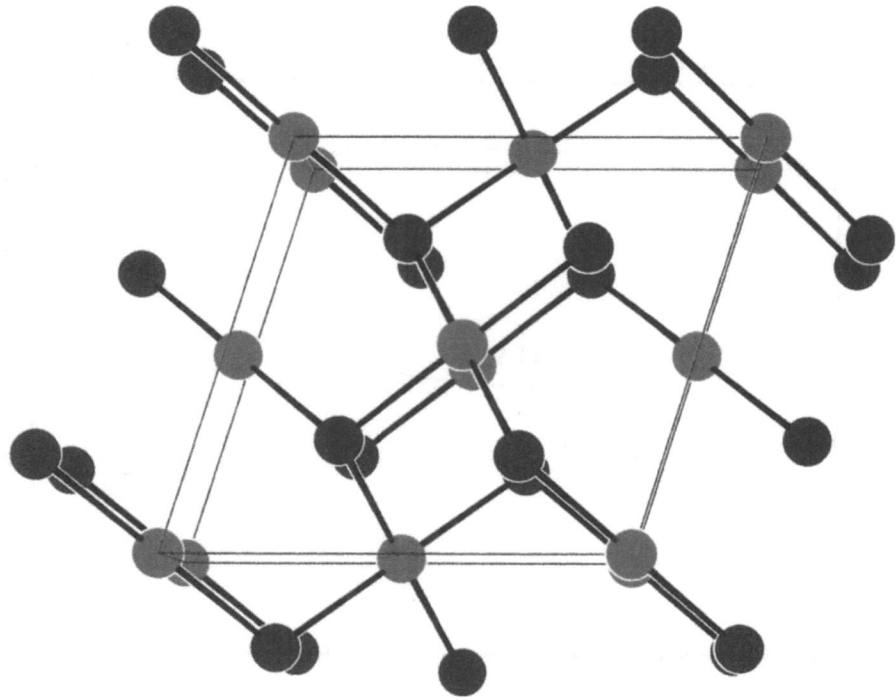

Wege zu Festkörpern jenseits der thermodynamischen Stabilität 11

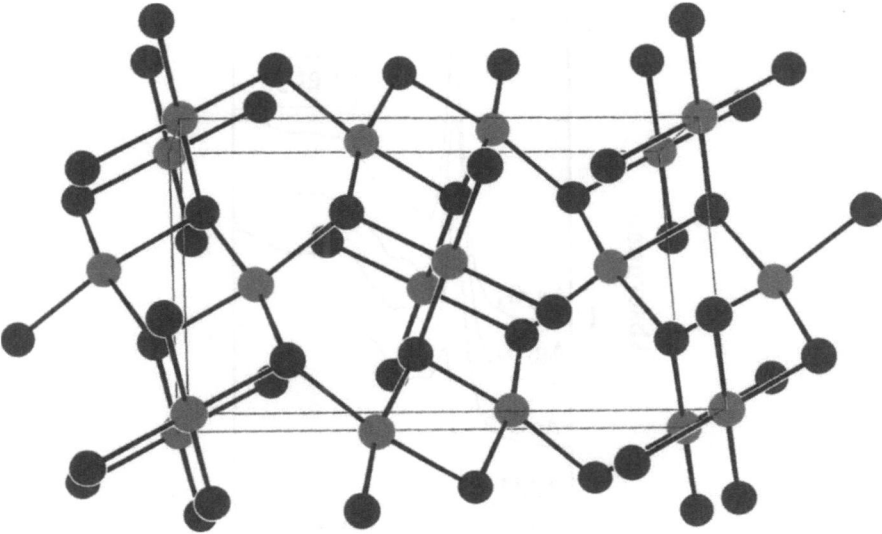

Abb. 3: In Ag_3O_4 ist Silber ausschließlich quadratisch-planar koordiniert, was bei der gefundenen Bruttozusammensetzung nur die Formulierung als $Ag^{II}Ag^{III}_2O_4$ zuläßt.

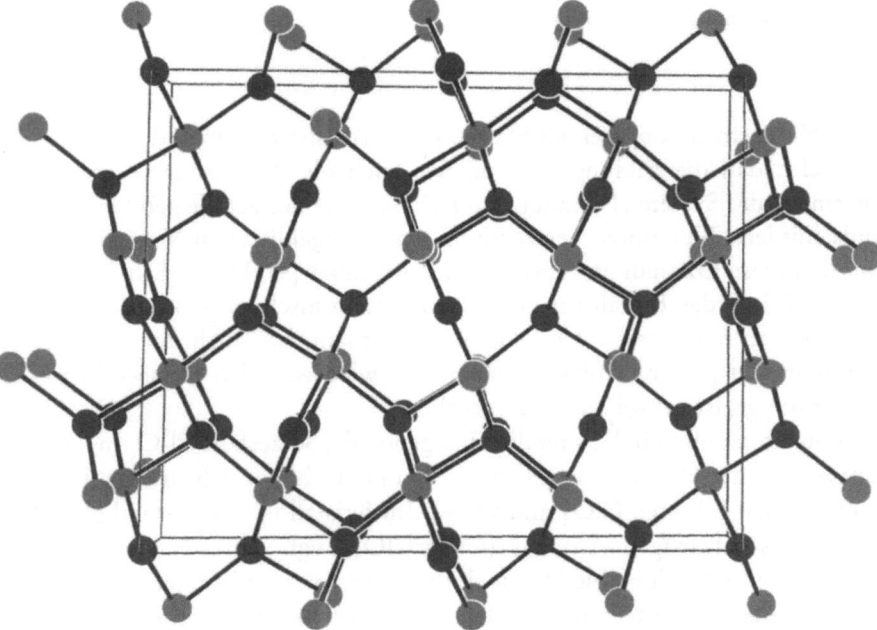

Abb. 4: Nach Zusammensetzung und Umgebung von Silber liegt reines Silber(III)-oxid vor.

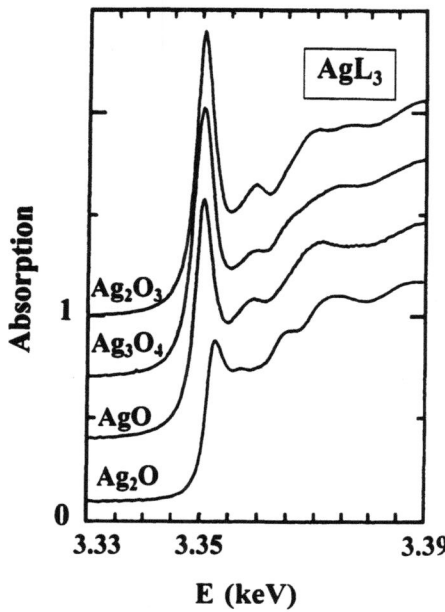

Abb. 5: XANES-Spektren von binären Silberoxiden. Die Flächen der Vorkanten-Absorption korrelieren mit der Anzahl der freien d-Zustände und stützen die kristallchemische Zuordnung von Valenzzuständen.

dere Herausforderung bei der Synthese von Alkalimetallozoniden liegt in der Tatsache, daß die Bildungsreaktion wie auch die Zersetzungsreaktion exotherm ist, das System also autogen die Zersetzung des gerade gebildeten Ozonids initiiert. Nur unter Verwendung eines ausgeklügelten Versuchsaufbaus werden diese Ozonide in reiner Form darstellbar [4]. Dieser Schlüsselschritt stellt faktisch das Einfallstor zur Chemie der ionischen Ozonide, denen das gewinkelte, radikalische O_3^--Anion gemeinsam ist, auch mit komplexen Kationen dar [5]. Ihr Abbauverhalten, das wiederum den metastabilen Charakter belegt, ist in Abb. 6 wiedergegeben.

Notorisch unbeständig sind die Halogenoxide. So zerfällt Cl_2O_6 in der Gasphase mit einer Halbwertszeit von $t_{1/2} = 8$ min. Es bildet sich aus den ihrerseits metastabilen Edukten ClO_2 und O_3 [6]. Im Kristall ist die Beständigkeit aufgrund des salzartigen Aufbaus ($ClO_2^+ClO_4^-$, vgl. Abb. 7) zwar deutlich erhöht, die Verbindung bleibt jedoch thermodynamisch instabil.

Die bisher vorgestellten Beispiele für metastabile Festkörper, denen man noch viele hinzufügen könnte, mögen den Eindruck erwecken, daß es sich bei diesen stets um labile Laborkuriositäten handelt, die für praktische Anwen-

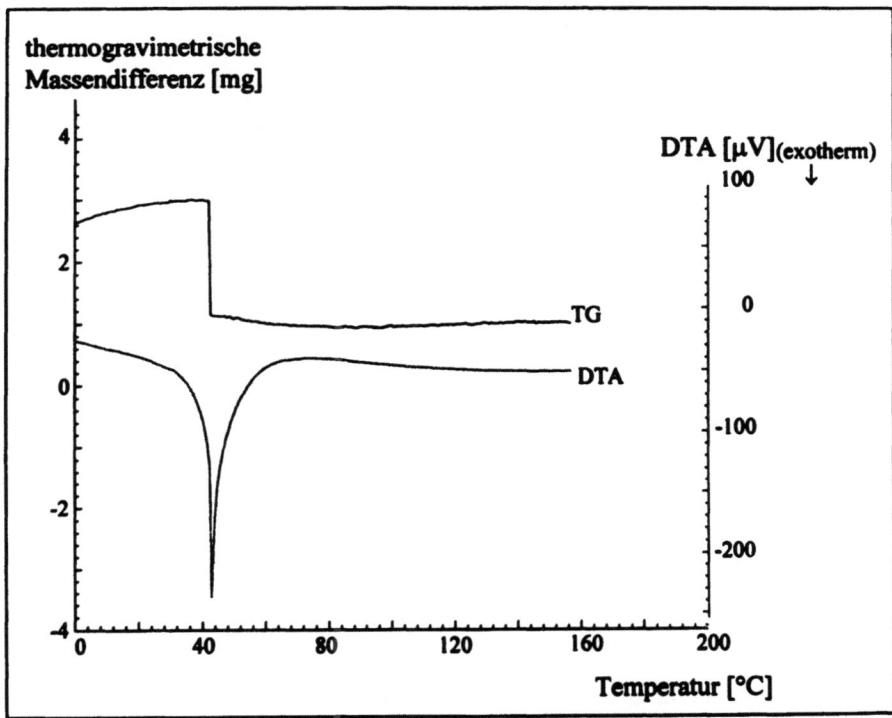

Abb. 6: TGA und DTA von Chinuclidiniumozonid

dungen nicht infrage kommen. Dies trifft natürlich nicht zu, wie schon ein Blick in unsere unmittelbare natürliche Umgebung lehrt, sei sie belebt oder unbelebt. Daß im Sinne der Gleichgewichtsthermodynamik metastabile Festkörper eine extrem hohe Beständigkeit aufweisen können, sei an einem letzten Beispiel aufgezeigt.

Amorphe anorganische Netzwerke aus kovalent verknüpften Atomen können naturgemäß keine bevorzugte Spaltbarkeit entlang Netzebenen aufweisen und enthalten stets unabgesättigte Valenzen, die den Ausgangspunkt für energieabsorbierende Mechanismen, z. B. an Rißspitzen, bilden können. Solche Materialien besitzen daher ein Potential für den Einsatz als Hochleistungswerkstoffe. Die notwendige Voraussetzung für die Ausbildung solcher Netzwerke, daß der weit überwiegende Anteil der kohäsiven Energie durch gerichtete Bindungswechselwirkungen zwischen einem Atom und seinen unmittelbaren Nachbarn aufgebracht wird, ist besonders gut gegeben bei den Nitriden und Carbiden von elektropositiven Nichtmetallen wie Bor und Silicium.

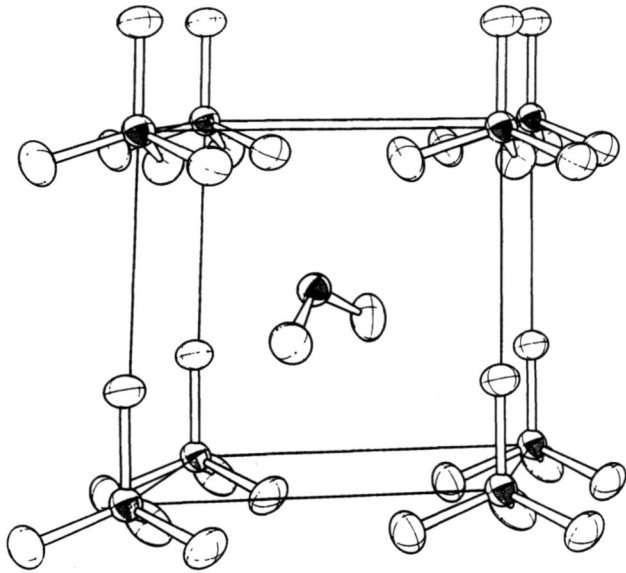

Abb. 7: Kristallstruktur von $Cl_2O_6 = ClO_2^+ ClO_4^-$

Bei der Darstellung solcher amorpher Netzwerke kann nicht der übliche Weg über die Schmelze eingeschlagen werden, da sich die genannten Nichtmetallnitride und -carbide nicht unzersetzt aufschmelzen lassen. Erfolgreich war der Weg über einen molekularen Vorläufer, der zunächst zu einem schmelzbaren Polymer vernetzt und dann bei etwa 1500 °C zu einer Keramik pyrolysiert wird (siehe Reaktionssequenz in Abb. 8). Die erhaltenen Feststoffe der Bruttozusammensetzung $SiBN_3C$ zeigen selbst nach Erhitzen auf 1900 °C keinerlei Braggsche Beugung [7, 8], sind also nach wie vor amorph (Abb. 9). Überraschend ist ihre beispiellose Temperatur- und Oxidationsbeständigkeit. Aus diesem Material hergestellte keramische Fasern weisen mit Abstand die besten Festigkeitswerte und die höchste Korrosionsbeständigkeit aller heute bekannten keramischen Fasern auf [9].

Die geschilderten Sachverhalte sprechen eine klare Sprache. Bei Versuchen, die Festkörperchemie „planbar" zu gestalten, müssen von Anbeginn die metastabilen Zustände einbezogen werden. Es genügt nicht, nur die im thermodynamischen Gleichgewicht existierenden Phasen eines Systems, etwa durch Berechnung von Phasendiagrammen, zu erfassen.

Tatsächlich ist bei der Abschätzung der Existenzfähigkeit hypothetischer Verbindungen der Frage ihrer thermodynamischen Stabilität häufig eine zu hohe Bedeutung beigemessen worden. So wird in einem Lehrbuch [10] für das

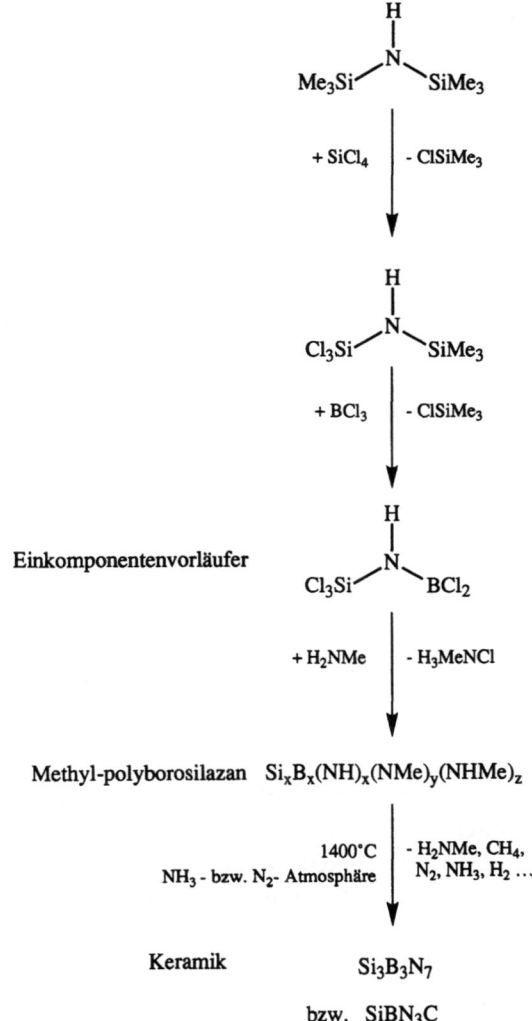

Abb. 8: Reaktionssequenz zur Darstellung amorpher Netzwerke der Zusammensetzungen $Si_3B_3N_7$ und $SiBN_3C$ über molekulare Vorläufer.

System Mg/Cl auf der Grundlage der beiden Gleichungen ($\triangle H^0$ für MgCl nach dem Born-Haber-Kreisprozeß abgeschätzt)
$Mg_{(f)} + 1/2\ Cl_{2(g)} = MgCl_{(f)}$; $\Delta H^0 = -60$ kcal/mol
$2\ MgCl_{(f)} = MgCl_{2(f)} + Mg_{(f)}$; $\Delta H^0 = -153$ kcal/mol
gefolgert, daß MgCl nicht existieren könne, da es gegenüber der Disproportionierung thermodynamisch instabil ist. Dabei ist sehr wohl vorstellbar, daß

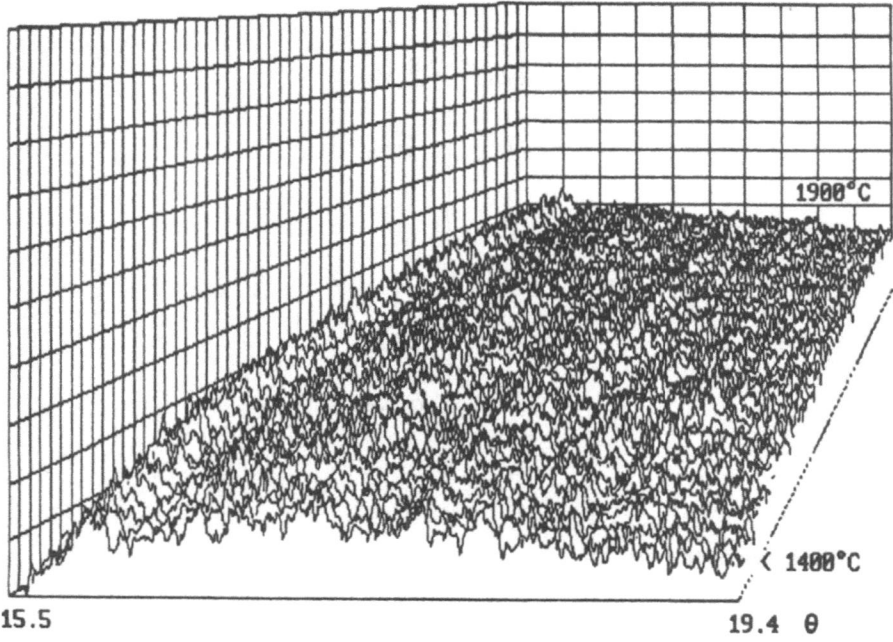

Abb. 9: Röntgenbeugung an SiBN$_3$C bei hohen Temperaturen. Bis zu 1900 °C wird weder Zersetzung noch Rekristallisation beobachtet.

dem MgCl ein lokales Minimum auf der Hyperfläche der freien Enthalpie entspricht, es also unter bestimmten Bedingungen beständig ist. Diese im Zusammenhang mit Fragen der Existenzfähigkeit von Verbindungen häufig zu starke Betonung des Aspektes der thermodynamischen Stabilität hat die präparative Chemie, insbesondere die Festkörperchemie, sicherlich nicht gerade in ihrer Entwicklung gefördert.

III. Ein Ansatz zur Syntheseplanung in der Festkörperchemie

Die Planung einer chemischen Synthese umfaßt wenigstens zwei elementare Schritte:
1. Die Vorhersage existenzfähiger Verbindungen (und ihrer Strukturen)
2. Die Formulierung eines Syntheseweges zu der als existenzfähig erkannten Verbindung.

Schon die erste Aufgabe scheint bei dem Hintergrund der als unerläßlich erkannten Einbeziehung auch metastabiler Stoffe für den Bereich der Festkörperchemie nicht lösbar. Es genügt nicht, das globale Minimum der freien Enthalpie als Funktion der Zustandsvariablen eines stofflichen Systems zu erkennen, es müssen alle lokalen Minima ermittelt werden und – um einen Eindruck von ihrer kinetischen Stabilität zu erlangen – die Höhe der eingrenzenden Barrieren muß untersucht werden. Es müßte also im Prinzip der vollständige Verlauf der Hyperfläche der freien Enthalpie berechnet werden, was bei dem heutigen Stand der theoretischen Chemie und der theoretischen Physik bei weitem noch nicht geleistet werden kann – zweifellos eine Einsicht, die resignieren lassen könnte.

In dieser Situation fragt man sich nahezu unwillkürlich: Warum kann die Molekülchemie, zumindest die des Kohlenstoffs, dieses leisten und zwar zunächst ohne irgendeine (quantenchemische) Berechnung auszuführen? Auch hier setzt ja die Formulierung hypothetischer Moleküle die Kenntnis der Hyperfläche der freien Enthalpie voraus. Im übrigen kann auch der Molekülchemiker nur Verbindungen darstellen, deren Existenzfähigkeit durch ein lokales Minimum der G-Funktion vorgeprägt ist, er kann diese Moleküle ganz ähnlich wie der Festkörperchemiker nur „finden", „erfinden" kann auch er sie nicht. Die ganze Chemie, jede existenzfähige Verbindung ist also in der Hyperfläche der freien Enthalpie bzw. ihren Projektionen auf Teilsysteme vorgebildet, gleichsam im Sinne Platos als eine ideelle Welt. Die oben gestellte Frage ist also etwas zu modifizieren: Warum ist es in der Molekülchemie relativ einfach, existenzfähige hypothetische Verbindungen und damit die lokalen Minima der G-Funktion zu erkennen? Hier spielt offenkundig das über nahezu 200 Jahre wissenschaftlicher Chemie angesammelte empirische Wissen eine entscheidende Rolle. Man hat gelernt, Bindungssituationen anhand ihrer Topologie als beständig zu erkennen. Ihre Vorhersagbarkeit hängt also u. a. mit der bei vielen Nichtmetallen ausgeprägten Uniformität der verfügbaren Optionen zur Bindungsknüpfung zusammen. Darüber hinaus führt die überwiegend kovalente Natur dieser Bindungen dazu, daß langreichweitige Kräfte keine oder allenfalls nur eine untergeordnete Rolle spielen. Die als beständig eingestuften Verknüpfungen können also im Sinne eines Satzes von Strukturinkrementen zu mehr oder weniger großen molekularen Einheiten kombiniert werden. Die so entworfene Molekülstruktur kann leicht durch Vergleich der Bindungsabstände, Bindungswinkel oder Torsionswinkel mit Erfahrungswerten auf Plausibilität geprüft werden. Bemerkenswert ist in diesem Zusammenhang, mit welcher Sensibilität Bindungsdeformationen (Abstände und Winkel) auf Tolerierbarkeit abgeschätzt werden können.

Die Fähigkeit, chemische Strukturen auf innere Konsistenz und Plausibilität zu prüfen, ist freilich auch für die kollektiven Festkörper hochentwickelt. Auch hier gibt es Erwartungswerte für Bindungsabstände oder Koordinationspolyeder bei gegebenen Elementkombinationen. Analyse der Beiträge einzelner Bausteine zur Gitterenergie [11] oder die kristallchemischen Regeln Paulings, aus denen das Bindungslängen-Bindungsstärken-Konzept abgeleitet ist, sind weitere sehr wirkungsvolle Hilfsmittel.

Nahezu unmöglich ist es allerdings, nur mit Papier und Bleistift sinnvolle kollektive Festkörperstrukturen selbst einfach zusammengesetzter Verbindungen zu entwerfen. Dies liegt zu einem gewissen Teil an der größeren Variation der Koordinationsbedürfnisse der Elemente in Ionenkristallen oder intermetallischen Phasen. Vor allem aber spielen langreichweitige Wechselwirkungen eine nicht mehr vernachlässigbare Rolle, da diese selbst auf die Ausbildung der ersten Nachbarschaftssphäre um ein Atom herum Einfluß haben können. Ganz abgesehen davon, daß die Auswirkungen dieser langreichweitigen Kräfte schwer zu beurteilen sind und von Situation zu Situation stark schwanken, ist das menschliche Gehirn einfach schon durch die große Anzahl der gleichzeitig zu positionierenden Bausteine überfordert. Dies gilt insbesondere dann, wenn keine Hilfsinformationen zur Verfügung stehen, wie etwa das Raster der Translationsvektoren (Gitterkonstanten aus Beugungsexperimenten). Die Hilfsinformationen der erwähnten Art stehen naturgemäß nicht zur Verfügung, wenn es um die Vorhersage der Strukturen noch nicht dargestellter Verbindungen geht. Bei unserem Ansatz [12] zur Vorhersage existenzfähiger Festkörper sollen zunächst Kristallstrukturen weitgehend voraussetzungsfrei generiert werden und dann auf Plausibilität und damit auf Existenzfähigkeit überprüft werden. Die hierbei physikalisch korrekte und an sich anzustrebende Vorgehensweise, nämlich die Lösung der Schrödingergleichung, ist natürlich nicht im entferntesten realisierbar. Stattdessen werden auf der Basis der Born-Oppenheimer-Näherung komplette Atome bzw. Atomrümpfe betrachtet, die ausgehend von einer zufällig gewählten Startkonfiguration durch eine globale Optimierung (z. B. „simulated annealing") in physikalisch-chemisch sinnvolle Anordnungen überführt werden. „Kostenfunktion" ist die Gesamt-

Tabelle 2: Für die Modellierung von van-der-Waals- und Ionenkristallen verwendete Potentiale

Allgemein: $E = \Sigma_i E_i(ion) + \mu_i + \Sigma_{i,j} V_{ij} + pV$

Gemische von Edelgasen: $V_{ij} = \varepsilon_{ij} \left[\left(\frac{\sigma_{ij}}{r_{ij}}\right)^{12} - \left(\frac{\sigma_{ij}}{r_{ij}}\right)^6 \right]$

Ionische Systeme: $V_{ij} = \frac{q_i q_j}{4\pi\varepsilon_0 r_{ij}} e^{-\mu r_{ij}} + \varepsilon_{ij} \left[\left(\frac{\sigma_{ij}}{r_{ij}}\right)^{12} - \left(\frac{\sigma_{ij}}{r_{ij}}\right)^6 \right]$

energie des Systems, die unter Verwendung effektiver Potentiale (vgl. Tab. 2) für jeden Metropolis-Schritt des „simulated annealing" berechnet wird. Eine besondere Schwierigkeit liegt in der Einführung der periodischen Randbedingungen (für die Erzeugung eines Kristalls unerläßlich). Ein fest vorgegebenes Raster der Translationsvektoren würde die Möglichkeiten zur Entwicklung von Strukturen derart einschränken, daß das Ziel, möglichst viele, wenn nicht alle lokalen Minima des Konfigurationsraumes aufzufinden, praktisch unerreichbar wird. Deshalb wird eine in Form und Größe variable Zelle gewählt, aus der sich durch Translation in alle Raumrichtungen der makroskopische Kristall aufbauen läßt. In diesem wesentlichen Punkt unterscheidet sich der hier beschriebene Ansatz von allen anderen literaturbekannten Versuchen zur Vorhersage von Festkörperstrukturen.

Um sicherzustellen, daß die globalen Optimierungen so voraussetzungsfrei wie möglich verlaufen, werden nur die minimal notwendigen Informationen vorgegeben. Es sind dies die Art der Atome, ihre Ionisierungsenergien und Elektronenaffinitäten, die jeweiligen Wirkungsradien und schließlich die effektiven Potentiale. Weitere wichtige Vorgaben sind die erlaubten Veränderungen der jeweiligen Konfiguration: Es sind dies Verschiebungen der Atome im Ortsraum, Ladungsübertragungen zwischen den Atomen bzw. Ionen, Veränderung des Inhaltes der Simulationszelle und schließlich der Größe und Form der Zelle selbst. Die durch globale Optimierung gefundenen Minima bzw. die zugehörigen Strukturen lassen sich lokal verfeinern, beispielsweise auf Hartree-Fock-Niveau. Schließlich folgen Schritte der Interpretation und Darstellung der Ergebnisse, wobei der Untersuchung der Struktur des Konfigurationsraumes eine besondere Bedeutung zukommt [13]. Das hierfür entwickelte Programmsystem ist modular aufgebaut, eine Übersicht über die Funktionen der einzelnen Module ist in Tabelle 3 gegeben.

Tabelle 3: Struktur und Funktion des Programmpaketes zur Erzeugung von Kristallstrukturen

Input (Parameter)→ (Parameter)→ (Parameter)→ (Parameter)→	**Preselector** (Parameter)→	←(Strukturen) ←(Strukturen) **Optimierung** (Strukturen)→ (Strukturen)→	←(Barrieren) ←(Barrieren) **Stabilitätsanalyse** (Zustandsdichten)→	←(Bausteine) **Eigenschaften**
Elemente Ionisierungs- energien . effektive Potentiale . Druck/Volumen	Stöchiometrie Ionenladungen . Anfangs- konfigurationen . Randbedingungen	„Simulated Annealing" . „Quench" . Gradienten- verfahren	Energiegrenzen- methode . . .	Struktur(elemente) . spezifische Wärme . Schwingungs- verhalten .

Entgegen anfänglicher Skepsis, ob trotz relativ großer Teilchenzahlen und der Veränderung der Ortskoordinaten *und* Basis (Simulationszelle) Konvergenz zu erzielen sein würde, erwiesen sich das Konzept und das Programmsystem als außerordentlich effektiv. Für zahlreiche Systeme bereits erprobt, werden jeweils neben den tatsächlich beobachteten Strukturen zahlreiche weitere plausible, als metastabile Festkörper existenzfähige Vorschläge erzeugt.

Erwartungsgemäß werden im System Na/Cl ausschließlich Verbindungen mit Na und Cl im Verhältnis 1 : 1 generiert [14]. Am häufigsten erscheint die reale Kochsalzstruktur, was im Grundsatz bereits eine eindrucksvolle Bestätigung des Konzeptes ist. Insbesondere aber wurden unsere Erwartungen dadurch erfüllt, daß auch andere Strukturvorschläge produziert wurden, die lokalen Minima im Konfigurationsraum entsprechen und als metastabile Modifikationen von NaCl existenzfähig sein dürften. Bisher von keinem Kristallchemiker vorhergesagt wurde die sehr ausgewogene Struktur, in der Na und Cl sich jeweils mit der Koordinationszahl fünf gegenseitig umgeben (vgl. Abb. 10). Eine Übersicht über die aufgetretenen Strukturen und ihre Häufigkeit gibt Abbildung 11. Wir halten alle im Prinzip für realisierbar. Der hohe Anteil „Sonstige Lösungen" erklärt sich aus der zeitlichen Begrenzung der

Abb. 10: Kristallstruktur einer kinetisch stabilen Modifikation von NaCl, Na und Cl jeweils trigonal-bipyramidal koordiniert.

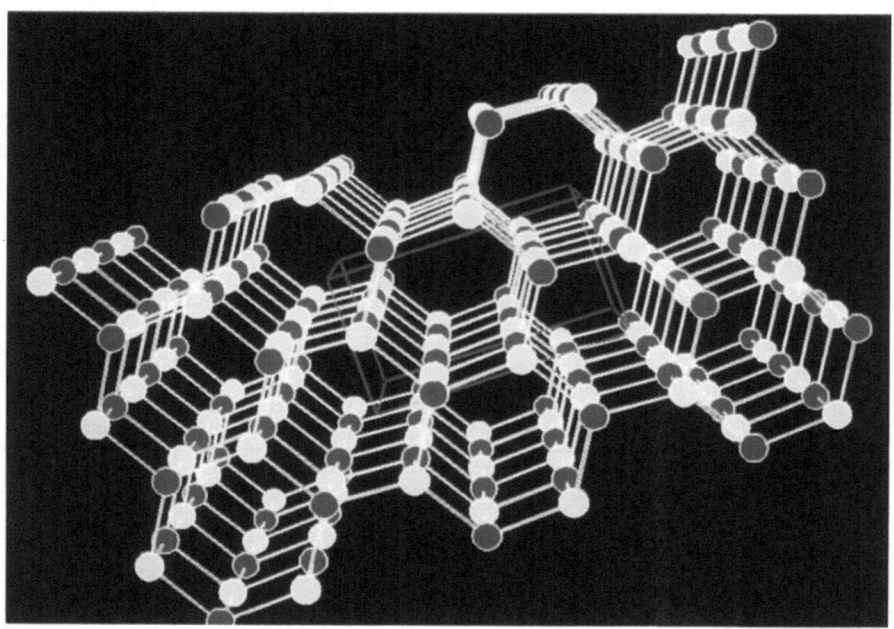

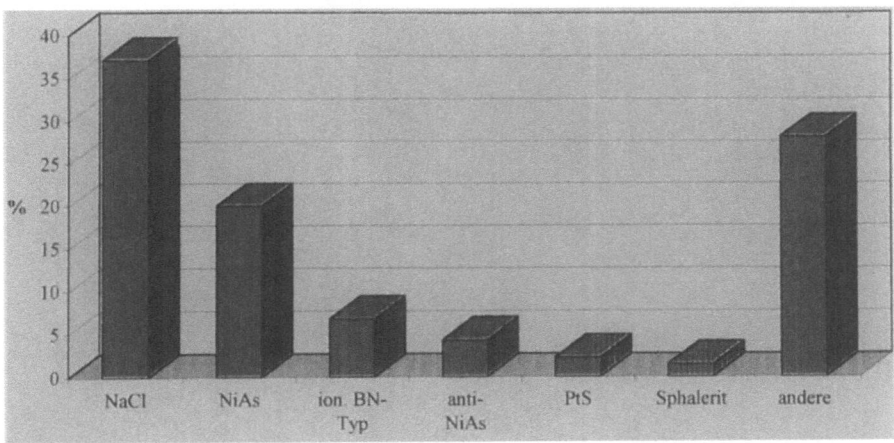

Abb. 11: Voraussetzungsfrei generierte Formen von NaCl, nach der Häufigkeit ihres Auftretens geordnet.

Optimierungsläufe und der extrem hohen Zahl energetisch hochliegender lokaler Minima, was gelegentlich zu nicht ausverfeinerten Strukturvorschlägen führt.

Abb. 12: Strukturvorschlag für SrTi$_2$O$_5$

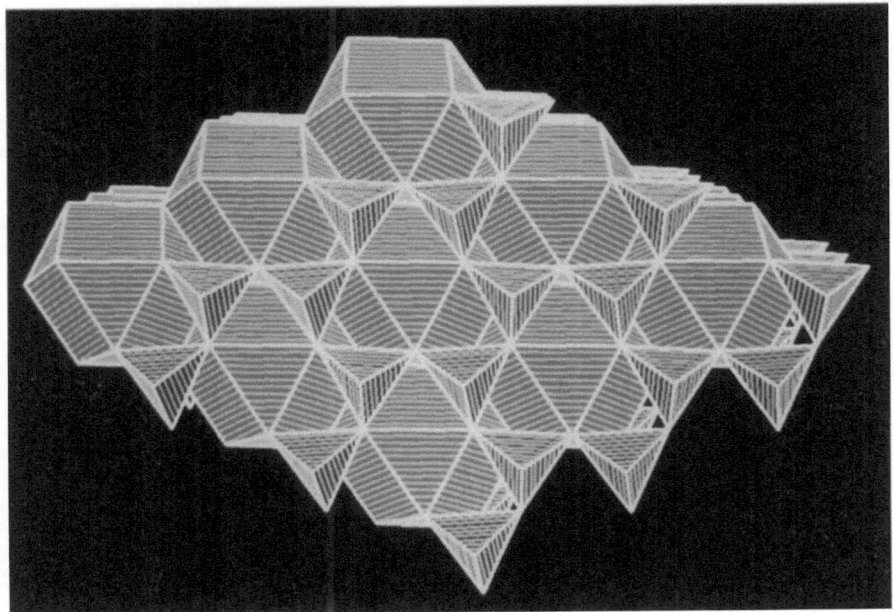

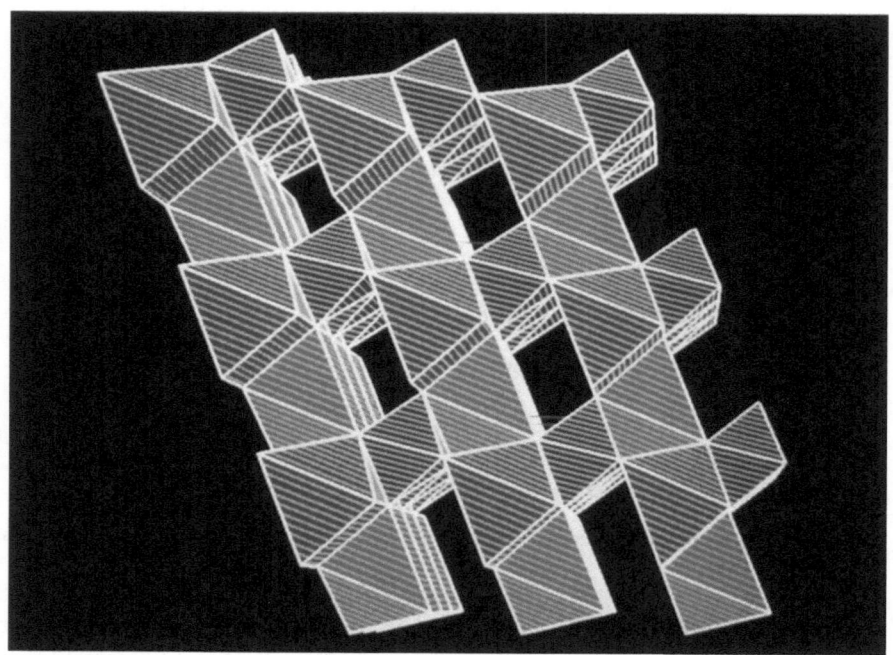

Abb. 13: Strukturvorschlag für Ca_2TiO_4

Abb. 14: Kochsalzüberstruktur für Ca_3SiBr_2

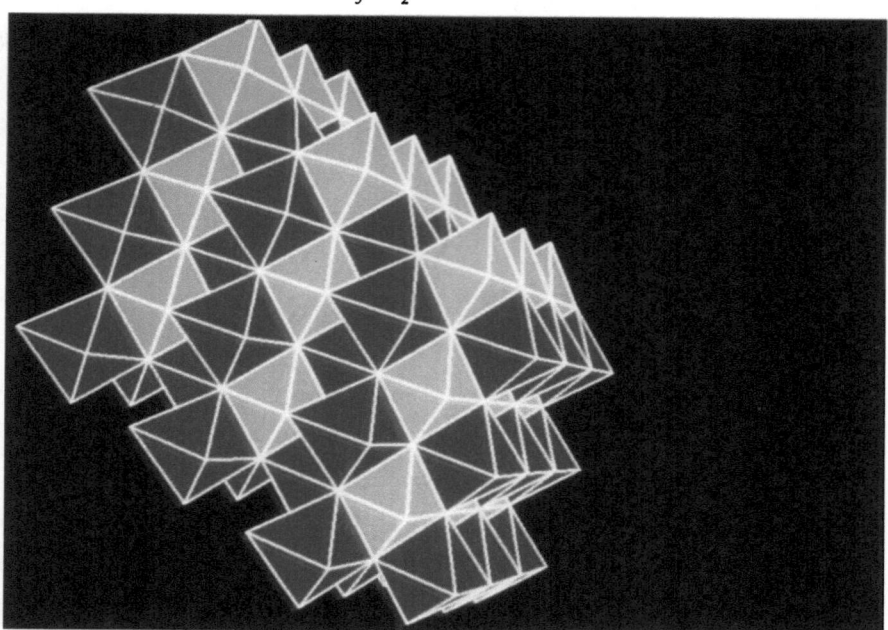

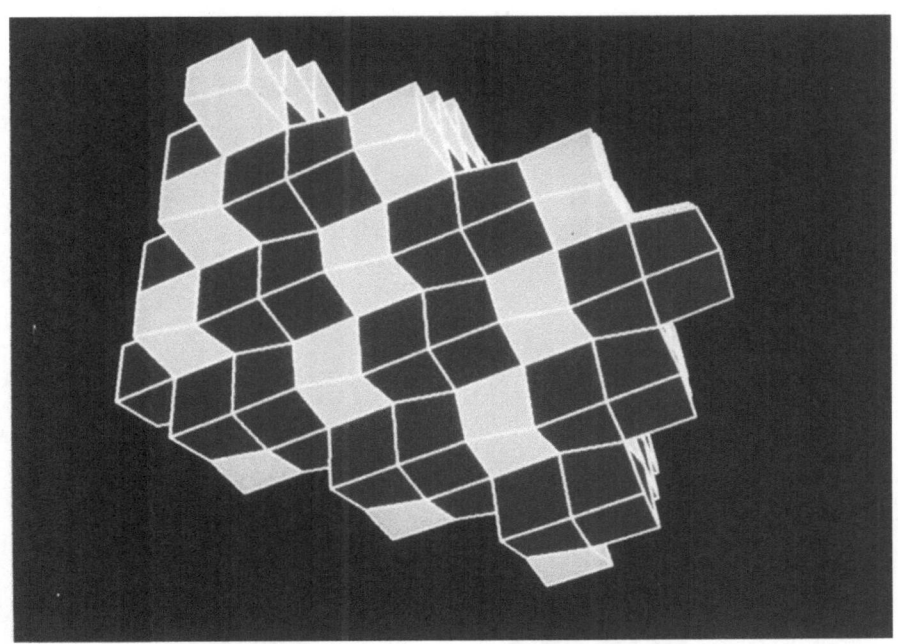

Abb. 15: Ca$_3$SiBr$_2$ in einer CsCl-Variante

Abb. 16: Strukturvorschlag für Na$_3$N, dem CaO$_3$-Teil der Perowskitstruktur entsprechend

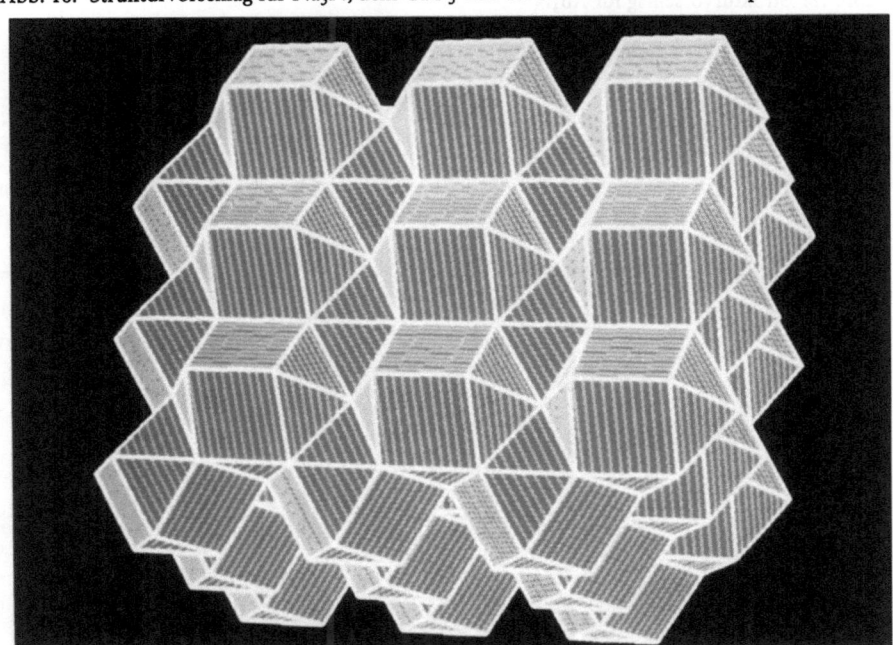

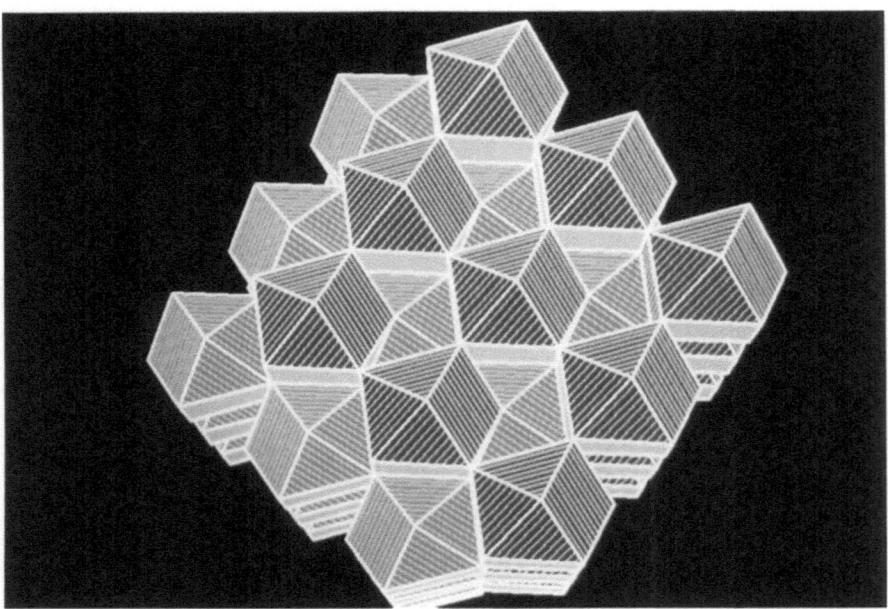

Abb. 17: K$_3$N als sogenannte „tetragonal dichte" Packung

Abb. 18: Strukturvorschlag für Rb$_3$N

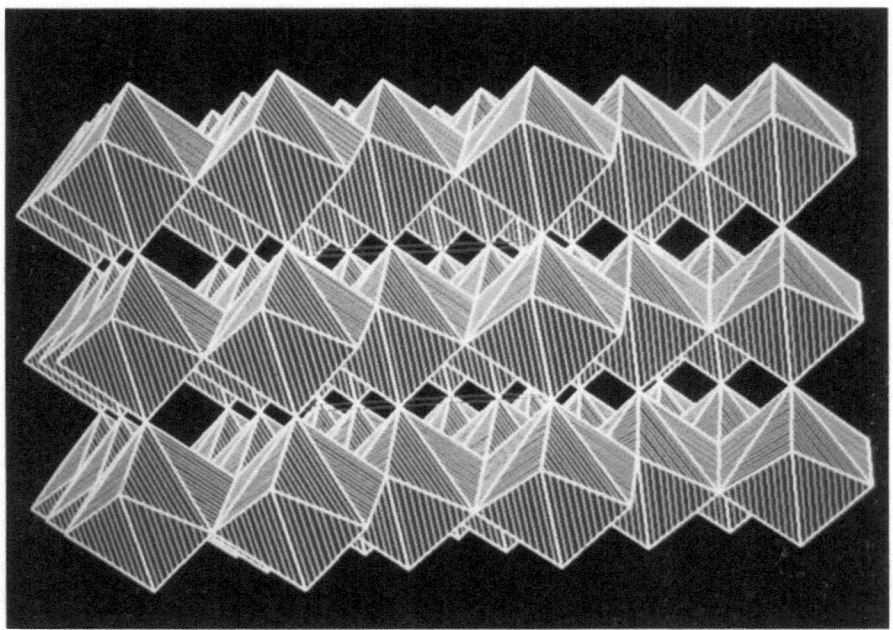

Bei einem Übergang auf ternäre Systeme nimmt die Komplexität des Konfigurationsraumes nochmals erheblich zu. Wie an ternären Erdalkalioxiden des Titans demonstriert sei, bewähren sich Konzept und Programmstruktur auch hier. Problemlos wird die zutreffende Struktur für $SrTiO_3$ (Perowskit-Typ) gefunden. Auch für das noch nicht bekannte $SrTi_2O_5$ werden kristallchemisch sehr ausgewogene und realistische Anordnungen vorgeschlagen. Abb. 12 präsentiert einen auch ästhetisch attraktiven Strukturvorschlag. Die für die Zusammensetzung Ca_2TiO_4 ausgebildete Kristallstruktur (Abb. 13) ist in der Oxochemie von Titan noch unbekannt, jedoch in leicht abgewandelter Form für Ca_2SnO_4 bereits beobachtet worden.

Inzwischen ist unser Vertrauen in die Methodik so groß, daß wir wagen, Verbindungen in Systemen zu prognostizieren, die noch nicht präparativ bearbeitet wurden. Bei der „Umsetzung" von Ca_2Si und $CaBr_2$ im Rechner „bildet" sich bevorzugt Ca_3SiBr_2 mit einem Kationen/Anionen-Verhältnis von eins und zwar in zwei vom CsCl- bzw. NaCl-Typ ableitbaren Modifikationen mit geordneten Anionenverteilungen, die sinnvoll auf größtmögliche Abstände der Si-Anionen voneinander optimiert sind (Abb. 14 und 15).

Eine der auffallendsten Verletzungen des Homologieprinzips im Periodensystem der Elemente findet sich bei den Nitriden der Alkalimetalle. Während elementares Lithium bereits bei Raumtemperatur spontan mit dem notorisch reaktionsträgen Distickstoff unter Bildung von Li_3N reagiert, ist es trotz intensiver Bemühungen noch nicht gelungen, ein Nitrid der höheren Alkalimetalle Na bis Cs darzustellen. Bereits für Na_3N wird die Nichtexistenz mit seiner thermodynamischen Instabilität (!) gegenüber dem Zerfall in die Elemente begründet [15]. Für Versuche, die Nitride der schweren Alkalimetalle metastabil zu synthetisieren, wäre es sicherlich von Nutzen, die möglicherweise auftretenden Strukturen zu kennen. Auch für diese Verbindungsklasse, bei der selbst ein erfahrener Kristallchemiker Schwierigkeiten hätte, plausible Strukturmodelle zu entwerfen, lassen sich mit den hier vorgestellten globalen Optimierungstechniken überzeugende Strukturvorschläge produzieren. Zunächst wird die Kristallstruktur von Li_3N richtig reproduziert. Für Na_3N, K_3N und Rb_3N ergeben sich durchaus überraschende Lösungen. In Na_3N bilden die Ionen gemeinsam eine dichte Kugelpackung aus, in der N von zwölf Na umgeben ist, während Kalium und Stickstoff in K_3N die sogenannte tetragonale Kugelpackung adoptieren, wobei Stickstoff von elf Kaliumatomen umgeben ist. Rb_3N schließlich besteht aus verzerrten NRb_8-Würfeln, die über zwei gegenüberliegende Ecken und über sechs Kanten zu einer dreidimensionalen Struktur verknüpft sind (Abb. 16–18).

IV. Schlußbemerkungen

Bei dem Bemühen um eine rationale Syntheseplanung in der Festkörperchemie scheint sich ein Durchbruch anzubahnen. Wir zeigen einen prinzipiell gangbaren Weg zur Vorhersage zumindest kinetisch stabiler Festkörper auf. Allerdings verbleiben genügend Herausforderungen, wie z. B. die Entwicklung von Potentialen, die die Übergänge zwischen den Arten der chemischen Bindung zutreffend modellieren. Für den zweiten Aspekt einer Syntheseplanung, nämlich die Formulierung von Syntheserouten, die Mechanismen auf atomarer Ebene einschließen müßten, sehen wir noch keine Lösung. Da abgesehen von den sogenannten topochemischen Reaktionen in aller Regel keine Strukturbeziehung zwischen Ausgangsverbindungen und Reaktionsprodukt besteht, lassen diese sich nicht durch eine einfache intuitiv verständliche „Reaktionskoordinate" verknüpfen. Vielmehr werden die „Übergangszustände" komplexer, heterogener Natur sein.

Chemie zu betreiben heißt, die Hyperfläche der freien Enthalpie zu erkunden. In der Vergangenheit erfolgte dieses experimentell durch den präparativ arbeitenden Chemiker. Einer solchen Vorgehensweise tritt mehr und mehr die theoretische Erkundung an die Seite, die für kleinere Moleküle bislang am weitesten entwickelt ist. Die beiden Zugänge stehen nicht in Opposition zueinander, sie ergänzen sich vielmehr. Die Computerchemie wird zumindest auf längere Sicht billiger und schneller sein und die präparativ-explorative Arbeit nachhaltig stützen können.

Die klassische präparative Chemie bleibt allerdings unverzichtbar, da der praktische Nutzen aus einem Stoff trivialerweise nur dann gezogen werden kann, wenn dieser auch faktisch verfügbar ist. Die Anforderungen an die Synthesekunst der Chemiker werden eher noch steigen, denn die Modellierungen ergeben durchaus überraschende, ja exotische Strukturvorschläge, die geradezu Syntheseversuche provozieren. Auch bleibt die experimentelle Verifizierung grundsätzlich letzte Instanz bei der Entscheidung über die Richtigkeit einer Prognose.

Literatur

[1] M. JANSEN, P. FISCHER, J. Less-Common Met. *137* (1988) 123
[2] B. STANDKE, M. JANSEN, J. Solid State Chem. *67* (1987) 278
[3] B. STANDKE, M. JANSEN, Angew. Chem. *97* (1985) 114; Int. Ed. Engl. *24* (1985) 118
[4] W. SCHNICK, M. JANSEN, Z. anorg. allg. Chem. *532* (1986) 37
[5] N. KORBER, M. JANSEN, Chem. Ber. *125* (1992) 1383
[6] K. M. TOBIAS, M. JANSEN, Z. anorg. allg. Chem. *550* (1987) 16
[7] O. WAGNER, M. JANSEN, Diplomarbeit O. Wagner, Bonn 1991
[8] H.-P. BALDUS, O. WAGNER, M. JANSEN, Mater. Res. Soc. Symp. Proc. *271* (1992) 821
[9] M. JANSEN, H.-P. BALDUS, Angew. Chem., im Druck
[10] N. N. GREENWOOD, „Ionenkristalle, Gitterdefekte und Nichtstöchiometrische Verbindungen", Verlag Chemie 1973
[11] R. HOPPE, Angew. Chem. *82* (1970) 7
[12] J. C. SCHÖN, M. JANSEN, Angew. Chem., im Druck
[13] J. C. SCHÖN, H. PUTZ, M. JANSEN, Phys. Cond. Mat., im Druck
[14] J. C. SCHÖN, M. JANSEN, Comput. Mater. Sci. *4* (1995) 43
[15] Y. GOLUTVIN, M. GOLUTVIN, Izv. Akad. Nauk SSSR Otd. Khim. (1953) 781

Diskussion

Herr Korte: Herr Jansen, ich darf vielleicht mit einer laienhaften Bemerkung beginnen. Ich weiß, daß ich mich da aufs Glatteis begebe, aber bevor die Fachleute über Chemie diskutieren, würde ich gerne etwas zu den Algorithmen sagen.

Die Methoden des vollständigen Absuchens von irgendwelchen Strukturen oder Räumen werden normalerweise in der Kombinatorik und in der Diskreten Mathematik nicht sehr hoch eingeschätzt. Sie haben eine exponentielle Komplexität und sind häufig nichts anderes als einfach try-and-error-Verfahren. Das Simulated Annealing ist ja im Grunde nur ein Modell, das bei Spingläsern in der Physik funktioniert hat und dort auch eine physikalische Causa hat. Bei allen anderen Strukturen, auf die das Simulated Annealing als „universelles Kochrezept" angewendet wird, gibt es keine Causa für dieses Modell. Das gilt auch für genetische Algorithmen. Deren Causa liegt beim lieben Gott. Ob diese Algorithmen allerdings für physikalische, chemische oder technische Strukturen geeignet sind, kann nicht positiv beantwortet werden.

Trotzdem hat mich natürlich beeindruckt, wie Sie damit stabile Zustände haben finden können. Ich frage mich natürlich, ob man die Strukturen auch anders hätte finden können. Ich denke an den Unterschied zwischen Theorienbildung und empirischem rechnergestützten Vorgehen.

Im Grunde kamen bei Ihnen natürlich sehr schöne geometrische Netzwerke heraus, die auch eine gewisse Stabilität haben. Nun bin ich zuwenig Chemiker, um das vollständig beantworten zu können, aber ich weiß, daß bei benzoiden Kohlenwasserstoffen einmal solche Strukturuntersuchungen mit Hilfe von graphischen Methoden sehr erfolgreich waren. Dort hat man festgestellt, daß die Matchingpolynome, eine sehr komplizierte graphische Struktur, direkt für chemische Valenzfragen eine Rolle gespielt haben.

Könnte es nicht so sein, daß in Ihren Bereichen auch irgendwie eine Netzwerkstruktur, die vielleicht extrem schwierig zu erkennen ist und wo der einzig richtige Weg in der Tat dieser ist, sich zunächst einmal heranzutasten, letztlich eine Erklärung gibt, eine Erklärung für gewisse Phänomene, die Sie jetzt zunächst suchend oder absuchend finden?

Sie haben Plato zitiert. Im Grunde würden die Wissenschaftstheoretiker oder die Neopositivsten sagen, daß man zwischen Erkenntnis- und Begründungszusammenhang unterscheidet. Was Sie machen, ist meines Erachtens ein Vorgehen im Erkenntniszusammenhang. Sie versuchen, durch innomeratives Absuchen von Strukturen zusätzliche Erkenntnisse zu gewinnen. Ist Ihr Vorgehen auch im Begründungszusammenhang zu erklären? Oder wird es in Zukunft in dieser Richtung Erklärungen geben? Konkret: Welche Theorienbildung läßt sich vermuten oder gegebenenfalls daraus ableiten?

Herr Jansen: Wir haben vor Beginn dieses Projektes tagelang über die günstigste Vorgehensweise, über das „richtige" Konzept diskutiert. Zur Auswahl stehen zwei Wege, um die Minima der Energielandschaft zu finden: Ein rein „mathematischer" Ansatz, nämlich die globale Optimierung, und ein „physikalisch-chemischer", nämlich die Nachstellung eines Keimwachstums. Wir haben uns schließlich für den ersteren entschieden, weil wir einen möglichst großen Teil des für uns interessanten Bereichs des Konfigurationsraumes, der die periodischen Strukturen enthält, absuchen wollen und eine in physikalischer Hinsicht wirklichkeitsnahe Erzeugung von Kristallstrukturen aus z. B. einer simulierten Schmelze ein Rechenproblem von einem Umfang darstellt, das (noch) nicht zu bewältigen ist. Die Wahl des speziellen globalen Optimierungsverfahrens ist eher zweitrangig – je mehr man über die Energielandschaft lernt, desto effizientere Algorithmen können konstruiert werden. Tatsächlich hat also die Art, wie wir die Kristallstrukturen „entstehen" lassen – im Sinne einer Folge von (energetisch immer günstigeren) „best-seen-so-far" Konfigurationen während der Optimierung –, nichts mit den im Experiment beim Aufbau von Festkörpern ablaufenden Vorgängen – Keimbildung und Wachstum – zu tun.

Herr Krüger: Was halten Sie in Ihrem System eigentlich konstant, und was variieren Sie? Offensichtlich sind doch die Koordinationsgeometrien alle variabel. Sind dann die Ionen konstant?

Herr Jansen: Wir geben eine Verfeinerungszelle vor, deren Abmessungen und Form variabel sind. Weiterhin werden Art der Atome, Ionisierungsenergien, Elektronenaffinitäten und die jeweiligen Wirkungsradien eingegeben. Atomzusammensetzung, Ortskoordinaten und Ionisierungsstufen werden im Verlaufe der Optimierung verändert. Das Verfahren ist also weitestgehend frei von willkürlichen Einschränkungen.

Herr Höcker: Wenn Sie beim Kochsalzgitter einen kubischen Koordinationsraum vorgeben, hat das Einfluß auf das Ergebnis?

Herr Jansen: Nein, das hat überhaupt keinen Einfluß darauf. Das Ergebnis der globalen Optimierungen hat sich als unabhängig von der Form der beim Start gewählten Verfeinerungszelle erwiesen.

Herr Wieghardt: Wenn Sie die Molekülverbindung Cl_2O_6 vorgegeben hätten, hätte Ihr Programm erkannt, daß es eine Molekülverbindung ist? Oder hätte es versucht, eine dreidimensionale Festkörperstruktur daraus aufzubauen?

Herr Jansen: Nein, wir erfassen mit den bisher verwendeten effektiven Potentialen nur die van-der-Waals- und Ionenbindungen. Auch wenn, wie im Falle von $Si_3B_3N_7$, für Verbindungen mit polaren Atombindungen bereits mit rein elektrostatischen Potentialen sehr überzeugende Strukturen generiert werden, müssen wir unsere Energiefunktionen sicherlich um die Beiträge kovalenter und metallischer Wechselwirkungen ergänzen.

Herr Wieghardt: Nun ist natürlich molekulares NaCl auch eine metastabile Modifikation, die man in der Gasphase erzeugen kann. Aber das würden Sie natürlich auf Ihrer Fläche nie finden.

Herr Jansen: Dies trifft in der Tat zu. Wir betrachten die potentielle Energie des Systems bei 0 K und erhalten daher stets Festkörperstrukturen. Erst wenn wir die Verfeinerungszelle künstlich aufgeblasen halten, beobachten wir Moleküle und Cluster. Bei einer Temperaturerhöhung würde sich der Verlauf der Hyperfläche natürlich ändern, für enthalpiestabilisierte Stoffe würde dabei die Lage der lokalen Minima im wesentlichen erhalten bleiben, neue können für entropiestabilisierte Phasen hinzu kommen.

Herr Höcker: Die Computerberechnungen liefern aber in jedem Fall kristalline Strukturen. Sie können also zum Beispiel nicht die amorphe Struktur des $Si_3B_3N_7$ generieren.

Herr Jansen: Das sehen Sie richtig. Wir geben zwar die Translationssymmetrie nicht definitiv vor, etwa durch Festlegung eines Kristallsystems und der Gitterkonstanten. Durch die Wahl unserer periodischen Randbedingungen induzieren wir Translationssymmetrie, es werden also stets kristalline Strukturen entstehen.
Wir werden ab Januar 1995 in einem Sonderforschungsbereich die Strukturaufklärung und -vorhersage amorpher Netzwerke in Angriff nehmen. Hier werden wir u. a. in Zusammenarbeit mit der GMD in Birlinghoven zu-

nächst die Verknüpfungen in den amorphen Netzwerken durch Graphen darstellen, dann die noch unter starken Spannungen stehenden Netzwerke relaxieren. Letzteres wird mit dem „simulated annealing" erfolgen, wobei die Pseudotemperatur so gewählt werden muß, daß nicht zuviele Bindungen gleichzeitig aufbrechen und ein Übergang in kristalline Anordnungen möglich wird.

Herr Reetz: Der Grund, warum man in der organischen Chemie solch eine schöne Architektur betreiben kann, Tausende und Millionen von Verbindungen herstellen kann, hängt damit zusammen, daß man in einem Temperaturbereich arbeitet, wo die kinetische Stabilität sehr hoch ist. Man kennt die Gesetzmäßigkeit und weiß, warum beispielsweise Äthan wärmestabiler ist als etwa Äthanol.

Aber die Temperaturen sind alle relativ tief, aber in der klassischen festkörperanorganischen Chemie arbeitet man bei sehr hohen Temperaturen, 1000 Grad, 1200 Grad usw. Wenn man das in der organischen Chemie machen würde, würde man immer das gleiche Produkt bekommen, Ruß usw.

Die Gesetzmäßigkeiten für verschiedene Verbindungsklassen in der organischen Chemie kennt man, die kinetische Stabilität. Woher nehmen Sie die Gewißheit, daß das Magnesiummonochlorid über eine kinetisch ausreichende Stabilität verfügen müßte, daß man es bei Raumtemperatur isolieren kann, wie Sie es gesagt haben? Haben Sie irgendwelche Informationen, die Sie uns vorenthalten haben?

Herr Jansen: Wenn wir jetzt auf die Schnelle ein organisches Molekül konzipieren würden, das topologisch vernünftig aussieht, so würden Sie auch ohne genaue Kenntnis der Zerfallsbarrieren in voller Überzeugung sagen: „Dieses Molekül ist kinetisch stabil". So geht es mir mit MgCl. Wäre es beispielsweise in einer NaCl-Struktur als Festkörper realisiert, so wären die Atome in dem Potential des Kristallgitteres eingesperrt.

Herr Reetz: Magnesiummonochlorid kann ja, wie Sie sagen, disproportionieren zu Magnesiumdichlorid und Magnesium, und das beinhaltet eine bestimmte Aktivierungsenergie kinetisch.

Herr Jansen: Es müßte einen einfachen Reaktionsweg für den Zerfall geben. Es ist kinetisch immer schwierig, einen Festkörper in Zerfallsprodukte zu zerlegen, die ihrerseits fest sind. Nehmen Sie als Beispiele die ionischen Ozonide oder die Silberoxide. Ag_2O_3 müßte einem eigentlich mit einem Knall um die Ohren fliegen, wenn es nicht die hohe kinetische Hemmung für den Austritt von Teilchen aus einem Festkörper gäbe. Die hierfür erforderliche kollektive Bewegung der Teilchen ist insbesondere bei tiefen Temperaturen beliebig unwahrscheinlich.

Im übrigen stimmt es exakt, was Sie in Vorbereitung Ihrer ersten Frage sagten, daß die Realisierbarkeit metastabiler Verbindungen kritisch von den Temperaturbedingungen abhängt und die früher in der Festkörperchemie hohe Wichtung der thermodynamisch stabilen Verbindungen auf der Basis der von Ihnen genannten hohen Reaktionstemperaturen durchaus ihre Berechtigung hatte. Dies gilt auch für das große Interesse an Gleichgewichtszustandsdiagrammen. Ich will diese Sicht der Dinge nicht gering schätzen, aber sie hat die präparative Festkörperchemie in ihrer Entwicklung behindert. Viele Synthesen sind nicht versucht worden, weil eine vorherige Abschätzung ergab, daß die Zielverbindung wohl thermodynamisch instabil sein würde.

Herr Wilke: Wie unterscheiden sich dann die verschiedenen Silberoxide in ihrer chemischen Reaktivität? Wenn das metastabile, möglicherweise hochenergetische Systeme sind, müßten doch eigentlich interessante Reaktionen damit machbar sein.

Herr Jansen: Ja, es sind sehr starke Oxidationsmittel, leider wenig selektiv. Man muß dies schon bei ihrer Handhabung beachten. Wenn man z. B. Ag_2O_3 für eine physikalische Messung vorbereitet, dann dürften keine oxidierbaren Staubteilchen in das Präparat geraten, seine Qualität wäre sofort beeinträchtigt.

Herr Wilke: Kann man epoxidieren?

Herr Jansen: Das haben wir noch nicht probiert. Ich denke, es gibt dafür bereits recht ausgereifte Verfahren. Allerdings wären mit bestimmten Olefinen durchaus spezifische Reaktionen denkbar.

Herr Höcker: Ich bin immer noch von dem Netzwerk fasziniert, das Sie vorgestellt haben. Habe ich es richtig verstanden, daß alle funktionellen Gruppen umgesetzt werden, daß sie keine „dangling chains" haben, keine anhängenden funktionellen Gruppen?

Herr Jansen: Die Infrarotspektroskopie ist eine sehr empfindliche Sonde, um NH- oder CH-Funktionen zu detektieren. Die Proben sind nach dem Sintern bei 1200 °C oder 1300 °C frei von Protonen.

Herr Höcker: Sie haben TG-Kurven gezeigt von dem Netzwerk einerseits und anderen Verbindungen, Siliciumnitrid usw., andererseits. Ich kann nicht verstehen, warum im einen Fall eine Oxidation stattfindet – Sie sagten, es bildet sich SiO_2 – und im anderen Fall diese Oxidation ausbleibt.

Herr Jansen: Es wurden zwei TG-Kurven gezeigt. Die erste verdeutlichte die thermische Stabilität in neutraler Atmosphäre (Argon), die zweite die Gewichtsänderung in Sauerstoff. Sie fragen nach der Oxidation. Während BN und Si_3N_4 ihre bekannte Anfälligkeit gegen Oxidation bei hohen Temperaturen zeigen, ist $SiBN_3C$ deutlich oxidationsstabiler. Es bildet sich eine doppelte Deckschicht, bei der die eine Schicht die Sauerstoffdiffusion unterdrückt, die andere die Diffusion der Kationen. Das ist sicher ein glücklicher Umstand. Vielleicht darf ich noch zur Vorgeschichte dieser Entdeckung nachtragen. Angestrebt haben wir tatsächlich eine amorphe Keramik, in der Hoffnung, daß die Rißausbreitung in solchen amorphen Netzwerken gehemmt wäre, im Vergleich mit kristallinen Stoffen, in denen sich ein Riß entlang einer Netzebene mit Schallgeschwindigkeit fortpflanzen kann. Daß diese amorphen Keramiken so sehr oxidationsstabil sind, war nicht vorhersehbar, ist also ein reiner Glücksfall.

Herr Appel: Phosphor ist ein Element, das in Kombination mit Stickstoff und Bor leicht polymere Netze bildet. Gibt es entsprechende Versuche, auch derartige amorphe, temperaturbeständige Systeme, wie Sie das für Siliciumbornitrid beschrieben haben, mit derartigen Verbindungen durchzuführen?

Herr Jansen: Dieses ist noch nicht untersucht worden. Aber ich glaube, ich kann Ihnen dennoch erste Informationen zur Beantwortung Ihrer Frage geben. Mitarbeiter der Universität Bonn und der Bayer AG haben gemeinsam mit Herrn Kollegen Wannagat eine schöne Arbeit publiziert, über kristallines $SiPN_3$. Darin sind Silicium und Phosphor über Stickstoff zu einem Netzwerk miteinander verknüpft. Phosphor könnte eine ähnliche Rolle sicherlich auch in einem amorphen Netzwerk übernehmen. Allerdings zersetzt sich $SiPN_3$ bereits ab 1000 °C unter Abspaltung von PN. Dieses ist durchaus interessant, weil α-Si_3N_4 zurückbleibt, das die von den Keramikern wegen seiner Kristallmorphologie bevorzugte Si_3N_4-Modifikation ist. Phosphorhaltigen Systemen räume ich wegen dieser niedrigen Zersetzungstemperaturen nicht so große Chancen ein, was die Hochtemperaturstabilität angeht.

Herr Bürger: Im Prinzip müßte man Ihr Verfahren zur Struktursuche besonders erfolgreich bei Elementen einsetzen können. Was würde herauskommen, wenn man als Teilchen einfach nur Kohlenstoffatome oder Boratome oder Phosphoratome rechnet?

Herr Jansen: Strukturen von Elementen haben wir bisher nur im Falle der Edelgase untersucht. Wenn wir Lennard-Jones-Potentiale ansetzen, ergeben sich die Strukturen, die wir erwarten. In den meisten Elementen liegen kovalente oder metallische Bindungen vor, die entsprechenden effektiven Potentiale haben wir noch nicht implementiert. Ich bin sicher, daß sich auch die Strukturen der Elemente mit der vorgestellten Methode generieren lassen.

Veröffentlichungen
der Nordrhein-Westfälischen Akademie der Wissenschaften

Neuerscheinungen 1989 bis 1996

Vorträge N Heft Nr.		NATUR-, INGENIEUR- UND WIRTSCHAFTSWISSENSCHAFTEN
373	Rolf Staufenbiel, Aachen	Transportsysteme der Raumfahrt
	Peter R. Sahm, Aachen	Werkstoffwissenschaften unter Schwerelosigkeit
374	Karl-Heinz Büchel, Leverkusen	Die Bedeutung der Produktinnovation in der Chemie am Beispiel der Azol-Antimykotika und -Fungizide
375	Frank Natterer, Münster	Mathematische Methoden der Computer-Tomographie
	Rolf W. Günther, Aachen	Das Spiegelbild der Morphe und der Funktion in der Medizin
376	Wilhelm Stoffel, Köln	Essentielle makromolekulare Strukturen für die Funktion der Myelinmembran des Zentralnervensystems
377	Hans Schadewaldt, Düsseldorf	Betrachtungen zur Medizin in der bildenden Kunst
378	6. Akademie-Forum	Arzt und Patient im Spannungsfeld: Natur – technische Möglichkeiten – Rechtsauffassung
	Wolfgang Klages, Aachen	Patient und Technik
	Hans-Erhard Bock, Tübingen, Hans-Ludwig Schreiber, Hannover	Patientenaufklärung und ihre Grenzen
	Herbert Weltrich, Düsseldorf	Ärztliche Behandlungsfehler
	Paul Schölmerich, Mainz	Ärztliches Handeln im Grenzbereich von Leben und Sterben
	Günter Solbach, Aachen	
379	Hermann Flohn, Bonn	Treibhauseffekt der Atmosphäre: Neue Fakten und Perspektiven
	Dieter Hans Ehhalt, Jülich	Die Chemie des antarktischen Ozonlochs
380	Gerd Herziger, Aachen	Anwendungen und Perspektiven der Lasertechnik
	Manfred Weck, Aachen	Erhöhung der Bearbeitungsgenauigkeit – eine Herausforderung an die Ultrapräzisionstechnik
381	Wilfried Ruske, Aachen	Planung, Management, Gestaltung – aktuelle Aufgaben des Stadtbauwesens
382	Sebastian A. Gerlach, Kiel	Flußeinträge und Konzentrationen von Phosphor und Stickstoff und das Phytoplankton der Deutschen Bucht
	Karsten Reise, Sylt	Historische Veränderungen in der Ökologie des Wattenmeeres
383	Lothar Jaenicke, Köln	Differenzierung und Musterbildung bei einfachen Organismen
	Gerhard W. Roeb, Fritz Führ, Jülich	Kurzlebige Isotope in der Pflanzenphysiologie am Beispiel des ^{11}C-Radiokohlenstoffs
384	Sigrid Peyerimhoff, Bonn	Theoretische Untersuchung kleiner Moleküle in angeregten Elektronenzuständen
	Siegfried Matern, Aachen	Konkremente im menschlichen Organismus: Aspekte zur Bildung und Therapie
385	Parlamentarisches Kolloquium	Wissenschaft und Politik – Molekulargenetik und Gentechnik in Grundlagenforschung, Medizin und Industrie
386	Bernd Höfflinger, Stuttgart	Neuere Entwicklungen der Silizium-Mikroelektronik
387	János Kertész, Köln	Tröpfchenmodelle des Flüssig-Gas-Übergangs und ihre Computer-Simulation
388	Erhard Hornbogen, Bochum	Legierungen mit Formgedächtnis
389	Otto D. Creutzfeld, Göttingen	Die wissenschaftliche Erforschung des Gehirns: Das Ganze und seine Teile
390	Friedhelm Stangenberg, Bochum	Qualitätssicherung und Dauerhaftigkeit von Stahlbetonbauwerken
391	Helmut Domke, Aachen	Aktive Tragwerke
392	Sir John Eccles, Contra	Neurobiology of Cognitive Learning
393	Klaus Kirchgässner, Stuttgart	Struktur nichtlinearer Wellen – ein Modell für den Übergang zum Chaos
394	Hermann Josef Roth, Tübingen	Das Phänomen der Symmetrie in Natur- und Arzneistoffen
	Rudolf K. Thauer, Marburg	Warum Methan in der Atmosphäre ansteigt. Die Rolle von Archaebakterien

395	Guy Ourisson, Straßburg	Die Hopanoide
	Werner Schreyer, Bochum	Ultra-Hochdruckmetamorphose von Gesteinen als Resultat von tiefer Versenkung kontinentaler Erdkruste
396	Gottfried Bombach, Basel	Zyklen im Ablauf des Wirtschaftsprozesses – Mythos und Realität
	Knut Bleicher, St Gallen	Unternehmungsverfassung und Spitzenorganisation in internationaler Sicht
397	Jean-Michel Grandmont, Paris	Expectations Driven Nonlinear Business Cycles
	Martin Weber, Kiel	Ambiguitätseffekte in experimentellen Märkten
398	Alfred Pühler, Bielefeld	Bakterien–Pflanzen–Interaktion: Analyse des Signalaustausches zwischen den Symbiosepartnern bei der Ausbildung von Luzerneknöllchen
399	Horst Kleinkauf, Berlin	Enzymatische Synthese biologisch aktiver Antibiotikapeptide und immunologisch suppressiver Cyclosporinderivate
	Helmut Sies, Düsseldorf	Reaktive Sauerstoffspezies: Prooxidantien und Antioxidantien in Biologie und Medizin
400	Herbert Gleiter, Saarbrücken	Nanostrukturierte Materialien
	Hans Lüth, Jülich	Halbleiterheterostrukturen: Große Möglichkeiten für die Mikroelektronik und die Grundlagenforschung
401	Gerhard Heimann, Aachen	Medikamentöse Therapie im Kindesalter
	Egon Macher, Münster/Westf.	Die Haut als immunologisch aktives Organ
402	Konstantin-Alexander Hossmann, Köln	Mechanismen der ischämischen Hirnschädigung
	Herrmann M. Bolt, Dortmund	Zur Voraussagbarkeit toxikologischer Wirkungen: Kanzerogenität von Alkenen
403	Volker Weidemann, Kiel	Endstadien der Sternentwicklung
	Alfred Müller, Erlangen	Quantenmechanische Rotationsanregungen in Kristallen
404	Matthias Kreck, Mainz	Positive Krümmung und Topologie
405	Benno Parthier, Halle	Problemfelder der zusammengefügten deutschen Wissenschaftslandschaft
	Erhard Hornbogen, Bochum	Kreislauf der Werkstoffe
406	Hubert Markl, Konstanz, Berlin	Wissenschaftliche Eliten und wissenschaftliche Verantwortung in der industriellen Massengesellschaft
407	Joachim Trümper, Garching	Was der Röntgensatellit ROSAT entdeckte
	Dietrich Neumann, Köln	Ökologische Probleme im Rheinstrom
408	Wilfried Werner, Bonn	Recycling biogener Siedlungsabfälle in der Landwirtschaft
409	Holger W. Jannasch, Woods Hole MA	Neuartige Lebensformen an den Thermalquellen der Tiefsee
410	Hartmut Zabel, Bochum	Epitaxiale Schichten: Neue Strukturen und Phasenübergänge
	Eckart Kneller, Bochum	Der Austauschfeder-Magnet: Ein neues Materialprinzip für Permanentmagnete
411	Brigitte M. Jockusch, Braunschweig	Architekturelemente tierischer Zellen
412	Alfred Fettweis, Bochum	Numerische Integration partieller Differentialgleichungen mit Hilfe diskreter passiver dynamischer Systeme
413	Ernst, Bayer, Tübingen	Theorie und Praxis der Niedertemperaturkonvertierung zur Rezyklisierung von Abfällen
	Hansjörg Sinn, Hamburg	Wertstoff- und Energie-Rückgewinnung aus hochkalorigen Abfallstoffen wie Altreifen und Kunststoff-Schrott
414	Wolfgang Priester, Bonn	Über den Ursprung des Universums: Das Problem der Singularität
415	Wilhelm Stoffel, Köln	Serendipity: Eine neue Glutamat-Neurotransmitter-Transporter-Familie und ihre pathogenetische Bedeutung
416	Dieter Richter, Jülich	Viskoelastizität und mikroskopische Bewegung in dichten Polymersystemen
417	Hans Mohr, Freiburg	Waldschäden in Mitteleuropa – was steckt dahinter?
418	Matthias Mertmann, Bochum	Greifmechanismus aus neuen Verbundwerkstoffen mit Zweiweg-Formgedächtnis
	Wolfgang Gärtner, Mülheim a. d. Ruhr	Die Funktion biologischer photosensorischer Pigmente
419	Fritz Vögtle, Bonn	Neue Catenane und Rotaxane in der Supramolekularen Chemie
	Andreas Stork, Jülich	Windkanalanlage zur Bestimmung der gasförmigen Verluste von Umweltchemikalien aus dem System Boden/Pflanze unter feldnahen Bedingungen
	Heinrich Ostendarp, Aachen	Entwicklung neuer Bildaufzeichnungs- und Auswertungstechniken für die holografische Interferometrie
420	Martin Jansen, Bonn	Wege zu Festkörpern jenseits der thermodynamischen Stabilität

ABHANDLUNGEN

Band Nr.

72	*(Sammelband)*	Studien zur Ethnogenese
	Wilhelm E. Mühlmann	Ethnogonie und Ethnogenese
	Walther Heissig	Ethnische Gruppenbildung in Zentralasien im Licht mündlicher und schriftlicher Überlieferung
	Karl J. Narr	Kulturelle Vereinheitlichung und sprachliche Zersplitterung: Ein Beispiel aus dem Südwesten der Vereinigten Staaten
	Harald von Petrikovits	Fragen der Ethnogenese aus der Sicht der römischen Archäologie
	Jürgen Untermann	Ursprache und historische Realität. Der Beitrag der Indogermanistik zu Fragen der Ethnogenese
	Ernst Risch	Die Ausbildung des Griechischen im 2. Jahrtausend v. Chr.
	Werner Conze	Ethnogenese und Nationsbildung – Ostmitteleuropa als Beispiel
73	*Nikolaus Himmelmann, Bonn*	Ideale Nacktheit
74	*Alf Önnerfors, Köln*	Willem Jordaens, *Conflictus virtutum et viciorum*. Mit Einleitung und Kommentar
75	*Herbert Lepper, Aachen*	Die Einheit der Wissenschaften: Der gescheiterte Versuch der Gründung einer „Rheinisch-Westfälischen Akademie der Wissenschaften" in den Jahren 1907 bis 1910
76	*Werner H. Hauss, Münster*	Fourth Münster International Arteriosclerosis Symposium: Recent Advances in Arteriosclerosis Research
	Robert W. Wissler, Chicago	
	Jörg Grünwald, Münster	
77	*Elmar Edel, Bonn*	Die ägyptisch-hethitische Korrespondenz (2 Bände)
78	*(Sammelband)*	Studien zur Ethnogenese, Band 2
	Rüdiger Schott	Die Ethnogenese von Völkern in Afrika
	Siegfried Herrmann	Israels Frühgeschichte im Spannungsfeld neuer Hypothesen
	Jaroslav Šašel	Der Ostalpenbereich zwischen 550 und 650 n. Chr.
	András Róna-Tas	Ethnogenese und Staatsgründung. Die türkische Komponente bei der Ethnogenese des Ungartums
	Register zu den Bänden 1 (Abh 72) und 2 (Abh 78)	
79	*Hans-Joachim Klimkeit, Bonn*	Hymnen und Gebete der Religion des Lichts. Iranische und türkische Texte der Manichäer Zentralasiens
80	*Friedrich Scholz, Münster*	Die Literaturen des Baltikums. Ihre Entstehung und Entwicklung
81	*Walter Mettmann, Münster (Hrsg.)*	Alfonso de Valladolid, *Ofrenda de Zelos* und *Libro de la Ley*
82	*Werner H. Hauss, Münster*	Fifth Münster International Arteriosclerosis Symposium: Modern Aspects of the Pathogenesis of Arteriosclerosis
	Robert W. Wissler, Chicago	
	H.-J. Bauch, Münster	
83	*Karin Metzler, Frank Simon, Bochum*	Ariana et Athanasiana. Studien zur Überlieferung und zu philologischen Problemen der Werke des Athanasius von Alexandrien.
84	*Siegfried Reiter / Rudolf Kassel, Köln*	Friedrich August Wolf. Ein Leben in Briefen. Ergänzungsband, I: Die Texte; II: Die Erläuterungen
85	*Walther Heissig, Bonn*	Heldenmärchen versus Heldenepos? Strukturelle Fragen zur Entwicklung altaischer Heldenmärchen
86	*Hans Rothe, Bonn*	*Die Schlucht*. Ivan Gontscharov und der „Realismus" nach Turgenev und vor Dostojevski (1849–1869)
87	*Werner H. Hauss, Münster*	Sixth Münster International Arteriosclerosis Symposium: New Aspects of Metabolismn and Behaviour of Mesenchymal Cells during the Pathogenesis of Arteriosclerosis
	Robert W. Wissler; Chicago	
	H.-J. Bauch, Münster	
88	*Peter Zieme, Berlin*	Religion und Gesellschaft im Uigurischen Königreich von Qočo
89	*Karl H. Menges, Wien*	Drei Schamanengesänge der Ewenki-Tungusen Nord-Sibiriens
90	*Christel Butterweck, Halle*	Athanasius von Alexandrien: Bibliographie
91	*T. Čertorickaja, Moskau*	Vorläufiger Katalog Kirchenslavischer Homilien des beweglichen Jahreszyklus
92	*Walter Mettmann, Münster (Hrsg.)*	Alfonso de Valladolid, *Mostrador de Justicia*
93	*Werner H. Hauss, Münster*	Seventh Münster International Arteriosclerosis Symposium: New Pathogenic Aspects of Arteriosclerosis Emphasizing Transplantation Atheroarteritis
	Robert W. Wissler, Chicago	
	Hans-Joachim Bauch, Münster (Eds.)	
94	*Helga Giersiepen, Bonn*	Inschriften bis 1300. Probleme und Aufgaben ihrer Erforschung
	Raymund Kottje, Bonn (Hrsg.)	
95	*Walther Heissig, Bonn (Hrsg.)*	Formen und Funktion mündlicher Tradition

Sonderreihe PAPYROLOGICA COLONIENSIA

Vol. VII	Kölner Papyri (P. Köln)
Bärbel Kramer und Robert Hübner (Bearb.), Köln	Band 1
Bärbel Kramer und Dieter Hagedorn (Bearb.), Köln	Band 2
Bärbel Kramer, Michael Erler, Dieter Hagedorn und Robert Hübner (Bearb.), Köln	Band 3
Bärbel Kramer, Cornelia Römer und Dieter Hagedorn (Bearb.), Köln	Band 4
Michael Gronewald, Klaus Maresch und Wolfgang Schäfer (Bearb.), Köln	Band 5
Michael Gronewald, Bärbel Kramer, Klaus Maresch, Maryline Parca und Cornelia Römer (Bearb.)	Band 6
Michael Gronewald, Klaus Maresch (Bearb.), Köln	Band 7
Vol. VIII: *Sayed Omar (Bearb.), Kairo*	Das Archiv des Soterichos (P. Soterichos)
Vol. IX	Kölner ägyptische Papyri (P. Köln ägypt.)
Dieter Kurth, Heinz-Josef Thissen und Manfred Weber (Bearb.), Köln	Band 1
Vol. X: *Jeffrey S. Rusten, Cambridge, Mass.*	Dionysius Scytobrachion
Vol. XI: *Wolfram Weiser, Köln*	Katalog der Bithynischen Münzen der Sammlung des Instituts für Altertumskunde der Universität zu Köln
	Band 1: Nikaia. Mit einer Untersuchung der Prägesysteme und Gegenstempel
Vol. XII: *Colette Sirat, Paris u. a.*	La *Ketouba* de Cologne. Un contrat de mariage juif à Antinoopolis
Vol. XIII: *Peter Frisch, Köln*	Zehn agonistische Papyri
Vol. XIV: *Ludwig Koenen, Ann Arbor* *Cornelia Römer (Bearb.), Köln*	Der Kölner Mani-Kodex. Über das Werden seines Leibes. Kritische Edition mit Übersetzung.
Vol. XV: *Jaakko Frösen, Helsinki/Athen* *Dieter Hagedorn, Heidelberg (Bearb.))*	Die verkohlten Papyri aus Bubastos (P. Bub.) Band 1
Vol. XVI: *Robert W. Daniel, Köln* *Franco Maltomini, Pisa (Bearb.)*	Supplementum Magicum Band 1 Band 2
Vol. XVII: *Reinhold Merkelbach, Maria Totti (Bearb.), Köln*	Abrasax. Ausgewählte Papyri religiösen und magischen Inhalts Band 1 und Band 2: Gebete Band 3: Zwei griechisch-ägyptische Weihezeremonien
Vol. XVIII: *Klaus Maresch, Köln* *Zola M. Packmann, Pietermaritzburg, Natal (eds.)*	Papyri from the Washington University Collection, St. Louis, Missouri
Vol. XIX: *Robert W. Daniel, Köln (ed.)*	Two Greek Papyri in the National Museum of Antiquities in Leiden
Vol. XX: *Erika Zwierlein-Diehl, Bonn (Bearb.)*	Magische Amulette und andere Gemmen des Instituts für Altertumskunde der Universität zu Köln
Vol. XXI: *Klaus Maresch, Köln*	Nomisma und Nomismatia. Beiträge zur Geldgeschichte Ägyptens im 6. Jahrhundert n. Chr.
Vol. XXII: *Roy Kotansky, Santa Monica, Calif.*	Greek Magical Amulets. The Inscribed Gold, Silver, Copper, and Bronze Lamellae Part 1: Published Texts of Known Provenance
Vol. XXIII: *Wolfram Weiser, Köln*	Katalog ptolemäischer Bronzemünzen der Sammlung des Instituts für Altertumskunde der Universität zu Köln
Vol. XXIV: *Cornelia Eva Römer, Köln*	Manis frühe Missionsreisen nach der Kölner Manibiographie
Vol. XXV: *Klaus Maresch, Köln*	Bronze und Silber. Papyrologische Beiträge zur Geschichte der Währung im ptolemäischen und römischen Ägypten

MIX
Papier aus verantwortungsvollen Quellen
Paper from responsible sources
FSC® C105338

If you have any concerns about our products,
you can contact us on
ProductSafety@springernature.com

In case Publisher is established outside the EU,
the EU authorized representative is:
**Springer Nature Customer Service Center GmbH
Europaplatz 3, 69115 Heidelberg, Germany**

Printed by Libri Plureos GmbH
in Hamburg, Germany